BEI GRIN MACHT SICH IHR WISSEN BEZAHLT

- Wir veröffentlichen Ihre Hausarbeit,
  Bachelor- und Masterarbeit

- Ihr eigenes eBook und Buch -
  weltweit in allen wichtigen Shops

- Verdienen Sie an jedem Verkauf

Jetzt bei www.GRIN.com hochladen und kostenlos publizieren

Jens Abrigata

Wachstumsstudien mit membranaktiven Antibiotika in B. subtilis und Erstellung von Konditional-Mutanten mit essentiellen Genen der Zellteilung

GRIN Verlag

Bibliografische Information der Deutschen Nationalbibliothek:

Die Deutsche Bibliothek verzeichnet diese Publikation in der Deutschen National-
bibliografie; detaillierte bibliografische Daten sind im Internet über http://dnb.d-
nb.de/ abrufbar.

Dieses Werk sowie alle darin enthaltenen einzelnen Beiträge und Abbildungen
sind urheberrechtlich geschützt. Jede Verwertung, die nicht ausdrücklich vom
Urheberrechtsschutz zugelassen ist, bedarf der vorherigen Zustimmung des Verla-
ges. Das gilt insbesondere für Vervielfältigungen, Bearbeitungen, Übersetzungen,
Mikroverfilmungen, Auswertungen durch Datenbanken und für die Einspeicherung
und Verarbeitung in elektronische Systeme. Alle Rechte, auch die des auszugsweisen
Nachdrucks, der fotomechanischen Wiedergabe (einschließlich Mikrokopie) sowie
der Auswertung durch Datenbanken oder ähnliche Einrichtungen, vorbehalten.

Impressum:

Copyright © 2008 GRIN Verlag GmbH
Druck und Bindung: Books on Demand GmbH, Norderstedt Germany
ISBN: 978-3-656-15486-0

Dieses Buch bei GRIN:

http://www.grin.com/de/e-book/190622/wachstumsstudien-mit-membranaktiven-
antibiotika-in-b-subtilis-und-erstellung

GRIN - Your knowledge has value

Der GRIN Verlag publiziert seit 1998 wissenschaftliche Arbeiten von Studenten, Hochschullehrern und anderen Akademikern als eBook und gedrucktes Buch. Die Verlagswebsite www.grin.com ist die ideale Plattform zur Veröffentlichung von Hausarbeiten, Abschlussarbeiten, wissenschaftlichen Aufsätzen, Dissertationen und Fachbüchern.

Besuchen Sie uns im Internet:

http://www.grin.com/

http://www.facebook.com/grincom

http://www.twitter.com/grin_com

Wachstumsstudien mit membranaktiven Antibiotika in B. subtilis und Erstellung von Konditional-Mutanten mit essentiellen Genen der Zellteilung

S-Block-Praktikum

Jens Abrigata

Vom 21.07.08 – 12.09.08

Inhaltsverzeichnis

1. Einleitung

Durch die Entstehung immer neuer Resistenzen und Bildung multiresistenter Stämme von Bakterien gegen herkömmliche Antibiotika, hat die Bedeutung der Erforschung und Evaluierung von Antibiotikawirkorten und –Mechanismen zur Entwicklung neuer Antibiotika zugenommen. Dazu können antibakteriell wirkende Stoffe auf ihre molekularen Funktionen hin untersucht werden, um z.b. Verbesserungen zu erreichen, aber auch potentielle Wirkorte für die Entwicklung neuer Antibiotika lokalisiert werden. Um diese molekularen Interaktionen untersuchen zu können, bedient man sich der modernen Proteomanlayse. Hierbei spielt die zweidimensionale, elektrophoretische Auftrennung von Proteinen (2D-Gelelektrophorese) eine große Rolle. Bei dieser Methode, bei der die zweidimensionalen Auftrennungsschritte orthogonal zueinander durchgeführt werden, wird in der ersten Dimension eine Auftrennung von Proteinen nach ihrem isoelektrischen Punkt erreicht (Isoelektrische Fokussierung). Diese Auftrennung findet auf einem Gel mit einem pH-Gradienten statt, so dass sich die aufgetragenen Proteine entsprechend ihrer Gesamtladung auf dem Gel orientieren können. In der zweiten Dimension werden die Proteine durch eine Natriumdodecylsulfat-Polyacrylamidgelelektrophorese (SDS-PAGE) erneut aufgetrennt. Dieser Schritt führt dann dazu, dass die bereits nach Gesamtladung aufgetrennten Proteine ebenfalls nach ihrer Größe aufgetrennt werden. Die so entstandenen Gele (Abb. 1) können dann mehreren Schritten der Auswertung unterzogen werden. Dazu gehören z.b. Färbungen (Absorptions- und Fluoreszenzfärbungen), aber auch die radioaktive Markierung der Proteine (Pulse Labeling). So können im Anschluss Proteinmengen, Anzahl der verschiedenartigen Proteine (Spezies) und neusynthetisierte Proteine bestimmt und verglichen werden.

Abbildung 1: Mit Coomassie gefärbtes 2D-Gel auf dem cytosolisches Gesamtprotein aus *B. subtilis* aufgetrennt wurde. Die Kultur wurde dabei unter Standardbedingungen angezogen. Es lassen sich mehrere Proteinanhäufungen (Spots) erkennen. Die Größe bzw. Intensität der Spots können dabei z.B. Hinweise auf die Konzentration geben.

3

Im Praktikum wurden vor allem Versuche durchgeführt, die vorbereitend für anschließende 2D-Gelektrophoretische-Auswertungen sind. Es handelt sich dabei um die Durchführung von Wachstumstests mit *B. subtilis*, bei denen mit Hilfe von Antibiotika eine Stressantwort auf Proteinebene induziert werden soll. Bei den Wachstumstests soll eine Konzentration des eingesetzten Antibiotikums erreicht werden, die für vergleichende Proteomanalysen mit 2D-Gelektrophorese optimal ist. Die dafür eingesetzten Antibiotika gehören zur Klasse der Ionophore, welche Moleküle sind, die Membranen durchlässiger für Ionen machen bzw. Ionen durch Membranen transportieren können. Man kann Ionophore in zwei Kategorien unterteilen: Zum einen gibt es die kanalbildenden Ionophore, zum anderen die Carrier-Ionophore. Bei den kanalbildenden Ionophoren handelt es sich um Peptide, die sich in die Membran integrieren und somit Kanäle bilden, die durchlässig für Ionen sind. Carrier-Ionophoren hingegen sind Moleküle, die Ionen auf auf einer Seite der Membran binden können, anschließend durch die Membran migrieren und dort die zuvor gebundenen Ionen wieder freigeben. In diesem Praktikum wurden Carrier-Ionophoren verwendet: **Ionomycin**, ein Ionophor, der in *Streptomyces conglobatus* vorkommt und vor allem Ca^{2+} durch Membranen transportiert. **Calcimycin**, das mehrere zweiwertige Kationen ($Mn^{2+} > Ca^{2+} > Mg^{2+} >> Sr^{2+} > Ba^{2+}$) durch Zellmembranen transportieren kann und z.b. dafür sorgt, dass die Atmungskette entkoppelt wird. Und **Nigericin**, das H^+, K^+ und Pb^{2+} durch Zellmembranen befördern kann, aber meistens als H^+-K^+-Antiporter vorliegt. Ionophore werden, nicht nur als Antibiotikum, in vielen Bereichen der Forschung eingesetzt, sondern kommen auch in der industriellen Viehzucht zum Einsatz. Des Weiteren sollte während des Praktikums eine Konditional-Mutante für essentielle Zellteilungsgene von *B. Subtilis* erstellt werden, um mit anschließender Proteomanalyse mögliche Wirkorte für Antibiotika zu evaluieren.

2. Material und Methoden

2.1 Material

2.1.1 Medien und Antibiotika

Alle aufgeführten Medien wurden autoklaviert bzw. bei hitzelabilen Bestandteilen steril filtriert.

LB-Bouillon:	Trypton	10 g/l
	Hefeextrakt	5 g/l
	NaCl	10 g/l
LB-Agar:	Zusammensetzung wie oben unter Zusatz von 15 g/l Agar-Agar	

Minimalmedium für *B. subtilis*:

50	mM	Tris/HCl pH 7,5
15	mM	$(NH_4)_2SO_4$
8	mM	$MgSO_4$ x 7 H_2O
27	mM	KCl
7	mM	Na_3-Citrat x 2H_2O

Auf 100 ml wurden folgende Supplemente hinzugegeben:

ÜN-Medium:

0,3	ml	KH_2PO_4
2	ml	Lysin
2	ml	Tryptophan
0,2	ml	$CaCl_2$
0,2	ml	$FeSO_4$
0,04	ml	$MnSO_4$

| 1 | ml | Glucose |
| 0,9 | ml | Glutamat |

Medien zur Transformation von *E. coli* (XLI Blue-Stamm):

SOB-Medium:

Die folgenden Angaben verstehen sich unter der Zugabe von 1 Liter Reinstwasser

20	g	Trypton
5	g	Hefeextrakt
0,5	g	NaCl
10	ml	MgCl (1M)
10	ml	$MgSO_4$ (1M)

SOC-Medium:

| 98 | ml | SOB-Medium |
| 2 | ml | Glucoselösung (20%) |

Verwendete Antibiotika:

Antibiotikum	Stammlösung	Endkonzentration
Ionomycin	1mg/100µl Methanol	10mg/ml
Calcimycin	1mg/500µl Methanol	2mg/ml
Nigericin	2mg/1ml Ethanol	2mg/ml
Ampicilin	100mg/1ml A.dest	100mg/ml
Tetracyklin	10mg/1ml 96% Ethanol	10mg/ml

2.1.2 Puffer und Lösungen

2.1.2.1 Puffer und Lösungen zur Herstellung kompetenter *E. coli*-Zellen

TMF-Puffer:	100	mM	$CaCl_2$ x 2 H_2O
	40	mM	$MnCl_2$ x 4 H_2O
	50	mM	RbCl
Glycerol (80%)			
Mg^{2+}-Lösung:	500	mM	$MgCl_2$ x 2 H_2O
	500	mM	$MgSO_4$ x 7 H_2O

2.1.2.2 Puffer und Lösungen zur Probenaufbereitung

Zellaufschlusspuffer:	50	mM	Tris/HCl pH 7,9
	50	mM	EDTA
	8	% (w/v)	Saccharose
	5	% (v/v)	Triton X100
Lysozymlösung:		100mg/ml Lysozymlösung	

2.2 Methoden

2.2.1 Herstellung kompetenter *E. coli*-Zellen

100 ml LB-Medium wurden mit 2 ml einer *E. coli*-ÜN-Kultur angeimpft und bei 37°C auf eine OD_{580} von 0,5 angezogen. Je 50 ml der Kultur wurden anschließend für 10 Minuten bei 4000 rpm zentrifugiert. Das isolierte Pellet wurde hinterher in 25 ml kaltem TMF-Puffer resuspendiert und dann für 1 Stunde auf Eis inkubiert. Nach der Inkubation auf Eis wurde erneut zentrifugiert. Diesmal für 10 Minuten bei 3000 rpm. Das entstandene Pellet wurde dann mit 5 ml des kalten TMF-Puffers resuspendiert und 1,5 ml Glycerol als Frostschutz hinzugegeben. Im Anschluss wurde die Probe aliquotiert zu ca. 25 á 260 µl und bei -80°C gelagert.

2.2.2 Transformation

Zunächst wurden der Anzahl der Proben entsprechend Falcon Tubes auf Eis vorgekühlt. Gleichzeitig wurden 900 µl/ pro Probe SOC-Medium im Heizblock auf 42°C vorgeheizt. Die bei -80°C gelagerten kompetenten Zellen wurden anschließend auf Eis langsam aufgetaut und hinterher 50 µl der aufgetauten Kultur in ein gekühltes Falcon Tube gegeben. Zusätzlich wurde in das Falcon Tube 1 µl einer 0,1 ng/µl Plasmidlösung (höchste Effizienz) gegeben. Die so vorbereiteten Tubes wurden dann für 20 Minuten auf Eis gelagert. Im Anschluss wurden die Proben für genau 45 Sekunden im Wasserbad bei 42°C gelagert. Hiernach erfolgte eine Lagerung auf Eis für weiter 2 Minuten. Das vorgewärmte SOC-Medium wurde im nächsten Schritt hinzugegeben und die Proben für 30 Minuten bei 37°C leicht geschüttelt.

2.2.3 Bakterienanzucht

Die Anzucht von *B. Subtilis* und *E. coli* bei 37°C wurde auf LB-Agar oder in Flüssigmedium (Minimal- und LB-Medium) mit entsprechenden Antibiotika durchgeführt. Dabei wurden die Flüssigkulturen (5ml) in Reagenzgläsern auf einem Brutroller inkubiert. Die Übernachtkulturen (ÜN-Kulturen) wurden mindestens für 16h eingelagert.

2.2.4 Bestimmung des Bakterienwachstums

Die Bestimmung der Zellzahl erfolgte Photometrisch bei 500 nm, wobei die $OD_{500} = 1$ einer Zellzahl von 2×10^8 Zellen entspricht.

2.2.5 Bestimmung der minimalen Hemmkonzentration (MHK)

Zur Bestimmung der minimalen Hemmkonzentration wurden ÜN-Kulturen von *B. subtilis* mit Minimalmedium angesetzt und verschiedene Konzentrationen des jeweiligen Antibiotikums hinzugegeben. Dabei waren zu Anfang ca. 1×10^6 Zellen im Medium. Nach einer Inkubationszeit von 16h wurde dann die entsprechende MHK bestimmt. Die MHK entsprach in diesem Fall der Probe, die bei der niedrigsten Antibiotika-Konzentration kein sichtbares Wachstum aufwies. Bei der also keine Trübung sichtbar war.

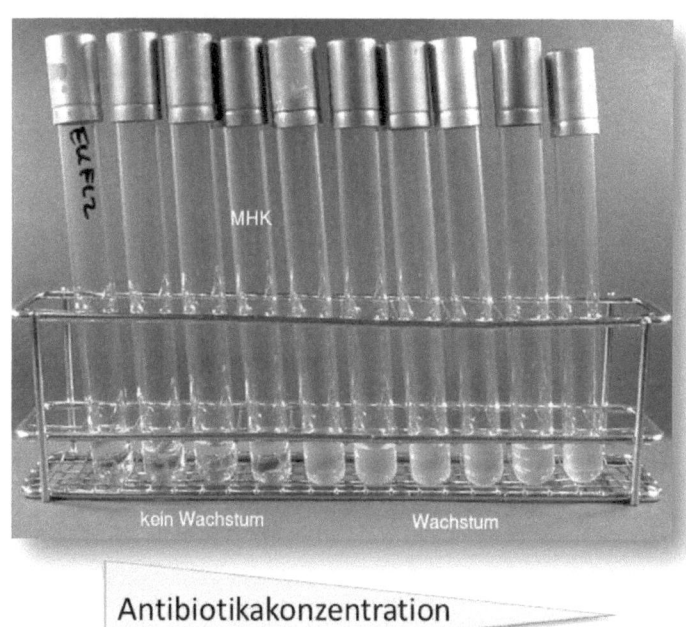

Abbildung 2: Mehrere Röhrchen werden mit einer Übernachtkultur beimpft und mit einer Lösung mit steigender Antibiotikakonzentration versetzt. Das Röhrchen mit der höchsten Antibiotikakonzentration, das kein sichtbares Wachstum mehr zeigt, entspricht der MHK (viertes Röhrchen von links). Quelle: http://memiserf.medmikro.ruhr-uni-bochum.de/OnlineSkript/MHKEK.jpg

2.2.6 Durchführung von Wachstumstests

Bei den durchgeführten Wachstumstests wurden mehrere Kölbchen mit 10ml Minimalmedium mit einer ÜN-Kultur von *B. subtilis* angeimpft (Anfangs-OD_{500} ca. 0,05) und im Wasserbadschüttler bis zu einer OD_{500} von 0,3 – 0,4 angezogen. Im Anschluss wurden die Kölbchen mit einem Vielfachen der MHK des jeweiligen Antibiotikums versetzt. Die Wachstumskurven wurden durchgehend bis zur stationären Phase alle 30 Minuten aufgenommen. Das optimale Vielfache der MHK war erreicht, wenn bei der Wachstumskurve der Probe mit Antibiotikum im Vergleich zur Kontroll-Probe eine kurzfristige Eindämmung des Wachstums zu erkennen war, und sich die Zellen bis zur stationären Phase wieder in der Zellzahl an die Kontroll-Probe angeglichen hatten (Siehe Abb.2).

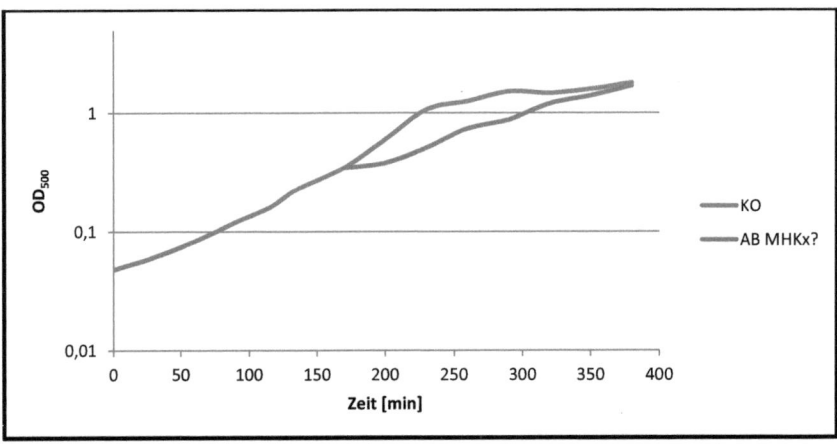

Abbildung 3: Schematische Darstellung eines optimalen Verlaufs des Wachstumstests für die proteomanalytische Auswertung von Antibiotikastress. Auf der X-Achse ist die OD_{500} logarithmisch aufgetragen und auf der Y-Achse die Zeit in Minuten aufgetragen. Die Blaue Wachstumskurve zeigt den Verlauf der Kontrollkultur, die unbeeinflusst (ohne Antibiotikum) gewachsen ist. Die rote Wachstumskurve zeigt den Verlauf der Kultur, die zu einem bestimmten Zeitpunkt mit Antibiotikum versetzt wurde. Dieser Wachstumsverlauf eignet sich gut für einen vergleichende Proteomanalyse mit 2D-Gelelektrophorese, da hier zum einen eine deutlich Beeinflussung des Wachstums zu erkennen ist, und zum anderen das Wachstum nur leicht abgewandelt von der Kontrolle verläuft, so dass genügend Proteinbiosynthese zur Auswertung stattfindet.

3. Ergebnisse

3.1 Bestimmung der MHK verschiedener Antibiotika

Die Bestimmung der minimalen Hemmkonzentration dient der Auswahl der optimalen Konzentration des Antibiotikums für anschließende Wachstumstests. Bei der Durchführung wird ein Konzentrationsgradient des zu testenden Antibiotikums zu *B. subtilis*-Kulturen gegeben. Nach der Inkubationszeit entspricht die Probe mit der geringsten Konzentration und ohne sichtbares Wachstum der MHK. Im Folgenden sind die Ergebnisse der drei Antibiotika zu sehen

Minimale Hemmkonzentrationen:

Ionomycin: 14 µg/ml

Calcimycin: 3 µg/ml

Nigericin: 1 µg/ml

3.2 Wachstumstest

Der Wachstumstest dient der Ermittlung einer bestimmten Konzentration der zu testenden Antibiotika, die für die anschließende Proteomanalyse (2D-Gelelektrophorese) optimal ist. Optimal meint in diesem Zusammenhang, dass der Verlauf der Wachstumskurve der Kultur, die mit Antibiotikum versetzt wird, im Vergleich zur Kontroll-Kultur einen anderen Verlauf zeigt (Abb.3). Hierbei ist es wichtig, dass ausreichend Proteinbiosynthese als Antwort auf den Stress durchgeführt werden kann. Als Anhaltspunkt für die optimale Konzentration wird die zuvor bestimmte MHK herangezogen. So werden Vielfache der MHK ausprobiert, bis ein entsprechender Wachstumskurvenverlauf gefunden ist.

3.2.1 Wachstumstest mit Ionomycin:

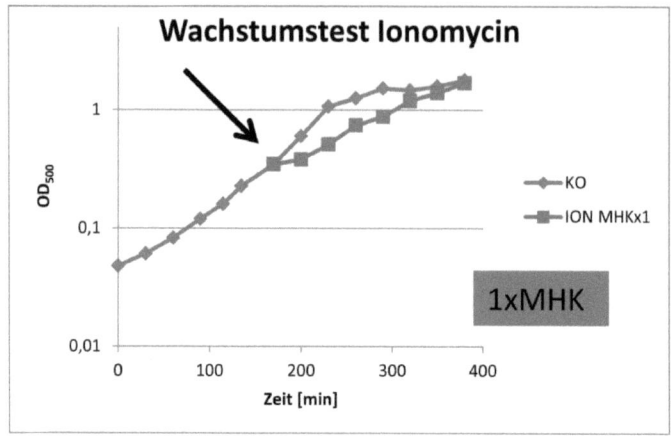

Abbildung 4: Die Grafik zeigt den Wachstumstest mit *B. subtilis* mit und ohne Zugabe von Ionomycin. Auf der X-Achse ist die OD_{500} logarithmisch aufgetragen und auf der Y-Achse die Zeit in Minuten aufgetragen. Der blaue Verlauf zeigt die unter Standardbedingungen herangezogene Kultur (Kontrolle) und der rote Verlauf die mit Ionomycin versetzte Kultur. Der Pfeil zeigt den Zeitpunkt der Zugabe von Ionomycin. Die Konzentration beträgt die einfache Konzentration der MHK.

3.2.2 Wachstumstest mit Calcimycin:

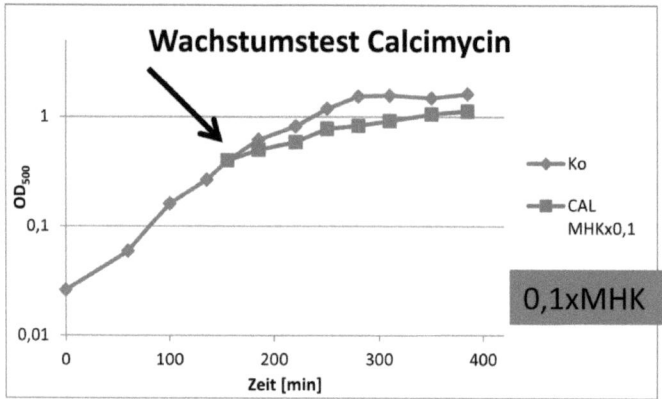

Abbildung 5: Die Grafik zeigt den Wachstumstest mit *B. subtilis* mit und ohne Zugabe von Calcimycin. Auf der X-Achse ist die OD_{500} logarithmisch aufgetragen und auf der Y-Achse die Zeit in Minuten aufgetragen. Der blaue Verlauf zeigt die unter Standardbedingungen herangezogene Kultur (Kontrolle) und der rote Verlauf die mit Calcimycin versetzte Kultur. Der Pfeil zeigt den Zeitpunkt der Zugabe von Calcimycin. Die Konzentration beträgt das 0,1-fache der MHK.

3.2.3 Wachstumstest mit Nigericin:

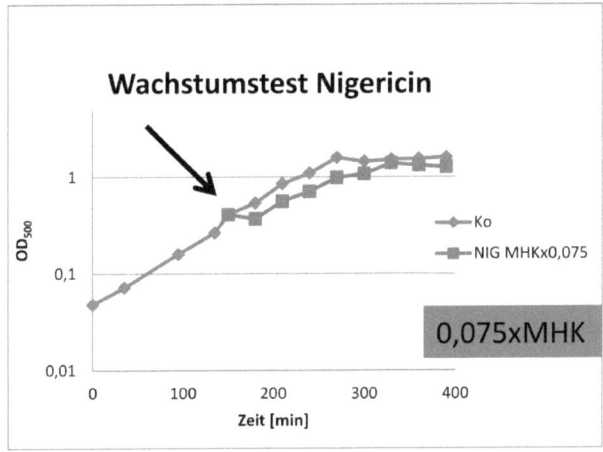

Abbildung 6: Die Grafik zeigt den Wachstumstest mit *B. subtilis* mit und ohne Zugabe von Nigericin. Auf der X-Achse ist die OD_{500} logarithmisch aufgetragen und auf der Y-Achse die Zeit in Minuten aufgetragen. Der blaue Verlauf zeigt die unter Standardbedingungen herangezogene Kultur (Kontrolle) und der rote Verlauf die mit Nigericin versetzte Kultur. Der Pfeil zeigt den Zeitpunkt der Zugabe von Nigericin. Die Konzentration beträgt das 0,075-fache der MHK.

Bei allen Antibiotika konnte ein, für die Durchführung von vergleichenden 2D-Gelektrophoreseanalysen, optimales Vielfaches der MHK gefunden werden. Das ist am Wachstumsverlauf der mit Antibiotikum versetzten Kulturen im Vergleich zu den Verläufen der Kontrollen zu sehen. Bei allen drei Versuchen weicht die Antiobiotikum-Kultur zunächst vom Verlauf der Kontroll-Kultur ab, kann sich aber bis zur stationären Phase wieder angleichen.

3.3 Erstellung einer *B. subtilis*-Konditionalmutante

Um putative Antibiotikawirkorte in *B. subtilis* zu finden, soll eine Konditionalmutante erstellt werden, die ausschaltbare Gene der Zellteilung beinhaltet. Da diese Gene essentiell sind, kann kein herkömmlicher Knock-Out durchgeführt werden. Um diese Gene abschaltbar zu machen, soll ein Teil des Xylose-Operons vor eines der Gene in einen Vektor gebracht werden und ins Chromosom integriert werden. Anschließend kann man dann das ursprüngliche Gen im Chromosom ausknocken. Durch Zugabe von Xylose bleibt das künstlich eingebrachte Gen aktiv. Will man das Gen nun abschalten, muss dem Medium Glucose hinzugegeben werden, so dass eine Repression der Operator-Region stattfindet. Die so behandelten Kulturen können im Anschluss mit der 2D-Gelelektrophorese ausgewertet werden und mit Daten der Ursprungs-Kultur verglichen werden (Abb.7 u. Abb.8)

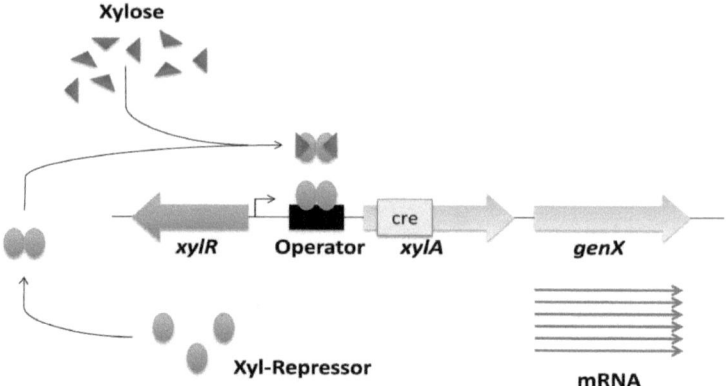

Abbildung 7: Die Abbildung zeigt einen Teil des Xylose-Operons mit einem beliebig nachgeschaltetem Gen (*genX*). Das Operon besteht aus dem *xylR*-Gen, das für den Xylose-Repressor kodiert, der Operator-Region, an der der Xyl-Repressor andocken kann, und dem *xylA*-Gen, das die wichtige cre-Region (Cis-Response Element) enthält, die als Andockstelle für die Repression mit dem „Catabolite control protein A" fungiert. In dem oben gezeigetn Fall kann ein ablesen des nachgeschalteten Gens stattfinden, da sich nur Xylose im Medium befindet. Diese bindet an den Xylose-Repressoren und führt zu einer Strukturänderung, die wiederum dazu führt, dass die Repressoren nicht an die Operatorregion andocken können.

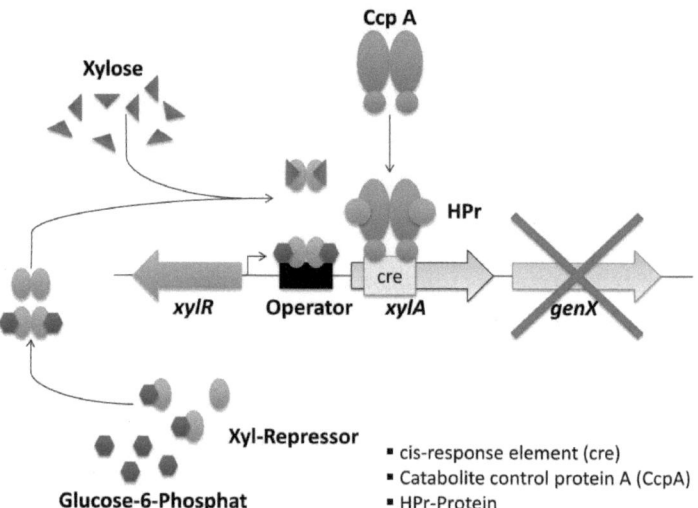

Abbildung 8: Die Abbildung zeigt einen Teil des Xylose-Operons mit einem beliebig nachgeschaltetem Gen (*genX*). Das Operon besteht aus dem *xylR*-Gen, das für den Xylose-Repressor kodiert, der Operator-Region, an der der Xyl-Repressor andocken kann, und dem *xylA*-Gen, das die wichtige cre-Region (Cis-Response Element) enthält, die als Andockstelle für die Repression mit dem „Catabolite control protein A" fungiert. Wie in der Abbildung zu sehen, befindet sich in dem Medium sowohl Xylose, als auch Glucose-6-Phosophat. Das führt nun dazu, dass Glucose-6-Phosphat an den Xyl-Repressor bindet, so dass kein Xylosemolekül mehr andocken kann. Der Repressor kann nun nicht mehr in seiner Struktur durch bindende Xylose beeinflusst werden und bleibt an der Operator-Region angedockt. Zusätzlich bindet das Ccp A an die cre-Region und verhindert ebenfalls ein Ablesen des nachfolgenden Gens

14

3.3.1 Isolation chromosomaler DNA von *B. subtilis* und *B. megaterium*

Um zum einen Gene der Zellteilung von *B. subtilis*, und zum anderen das Xylose-Operon aus der chromosomalen DNA von *B. megaterium* zu isolieren, muss zunächst chromosomale DNA beider Kulturen vorhanden sein. Im Folgenden sind die Kulturen wie unter 2.2.3 angegeben über Nacht angezogen worden und anschließend weiteren Schritten zur Isolation chromosomaler DNA unterzogen worden. Anschließend werden zur Überprüfung die Proben gelelektrophoretisch aufgetrennt (Abb.9):

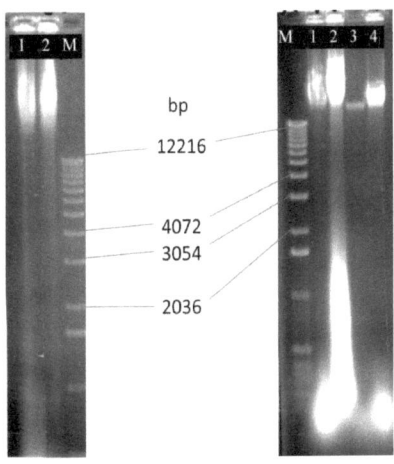

Abbildung 9: Das Gelbild auf der linken Seite zeigt Proben nach der Isolation von chromosomaler DNA bei *B. subtilis* und auf der rechten Seite von *B. megaterium*. Wie man erkennen kann, ist die Isolation in allen Fällen erfolgreich verlaufen. Das kann man an den Banden oberhalb der größten Markerbande (12216 bp) erkennen. Die unterschiedliche Intensität weist auf unterschiedliche Konzentrationen von DNA in den Proben hin.

3.3.2 Vermehrung und Isolation des Klonierungsvektors pDG1731

In den Klonierungsvektor pDG1731 soll der benötigte Teil des Xylose-Operons von *B. megaterium* eingebracht werden. Mit diesem Konstrukt kann im Anschluss ein essentielles Gen der Zellteilung von *B. subtilis* hinter das Operon eingefügt werden. Nach einbringen des abschaltbaren Gens kann dann das ursprüngliche Gen ausgeknockt werden. Zunächst wird der Vektor in *E. coli* transformiert, um ihn zu vermehren. Danach kann der Vektor wieder isoliert werden und zur weiteren Verarbeitung verwendet werden (Abb.10).

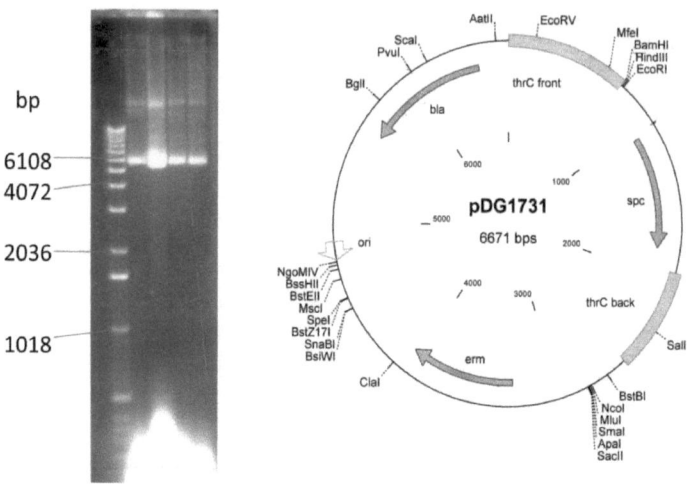

bp

6108
4072

2036

1018

Abbildung 10: Das Gelbild zeigt die Überprüfung der durchgeführten Isolation des Vektors pDG1731 nach der Vermehrung in *E. coli*. Wie man erkennt liegen die Banden alle etwas höher als die 6108 bp Markerbande. Da der Vektor, wie auf der Vektorkarte rechts zu sehen, 6671 bp lang ist, spricht alles für eine erfolgreiche Isolation.

4. Diskussion

4.1 Bestimmung der MHK und Wachstumstests

Die MHK-Bestimmungen für die jeweiligen Antibiotika waren in allen Fällen ein guter Anhaltspunkt für die erfolgreiche Durchführung der Wachstumstests im Anschluss. Bei allen Ionophoren-Antibiotika konnte ein Vielfaches der MHK zu optimalen Wachstumskurven führen, so dass einer 2D-Gelelektrophoretischen Auswertung mit diesen Kulturen den gewünschten Erfolg bringen sollte. Als nächstes sollten Methoden zum effektiven Aufschluss von *B. subtilis* gefunden werden. Folgenden Probleme müssen beachtet werden: Da *B. subtilis* ein grampositives Bakterium ist, ist der Aufschluss durch die höhere Stabilität per se erschwert. Außerdem muss bei einer radioaktiven Methode zur Proteinmarkierung (z.B. dem Pulse Labeling), darauf geachtet werden, dass so wenig wie möglich kontaminiert wird und möglichst keine Aerosole entstehen. Eine mögliche Methode zur Aufschließung wäre der Ultraschalaufschluss mit dem „Vial Tweeter" und vorheriger Lysozymbehandlung. Da der vibrierende Block des „Vial Tweeters" mit geschlossenen Eppendorfgefäßen bestückt werden kann, minimiert man die Kontaminationsmöglichkeiten des Geräts und die Entstehung von Aerosolen. Die Arbeit mit pathogenen Organismen wäre dann also auch gegeben. Die Nachteile sind allerdings, dass der Block immer gekühlt sein muss, damit die Proteine durch die entstehende Hitze nicht denaturieren. Außerdem ist die Effektivität der Beschallung nicht sehr hoch, so dass die Proteinmengen, die man erreicht eventuell zu gering für die 2D-Gelelektrophorese sind. Im nächsten Schritt können die erstellten Gele ausgewertet werden. Dabei kann die Proteinmenge verglichen werden durch „Sypro Ruby"-Färbung, neusynthetisierte Proteine entdeckt werden durch ein Autoradiogramm und anschließend auch neuaufgetauchte, unbekannte Spots identifiziert werden durch Massenspektrometrie.

4.2 Erstellung einer *B. subtilis*-Konditionalmutante

Da am Ende des Praktikums nicht mehr genügend Zeit für die Beendigung des Versuchs war, bleiben folgende Teilziele festzuhalten: Es konnte erfolgreich chromosmale DNA aus *B. subtilis* und *B.megaterium* isoliert werden, um zum einen Gene der Zellteilung zu amplifizieren und isolieren, und zum anderen einen Teil des Xyl-Operon aus dem Chromosom von *B.megaterium* zu amplifizieren und in einen Vektor einzubringen. Als nächste würde dann das Xyl-Operon nebst nachgeschaltetem Gen für Zellteilung erst in einen Vektor eingebracht und anschließend in das Chromosom von *B.subtilis* eingebracht. Anschließend könnte das ursprünglich vorhandene Gen im Chromosom, welches essentiell ist, ausgeknockt werden und das abschaltbare Gen nach Bedarf aus- bzw. angeschaltet werden. Bei einem Wachstumsversuch könnte nun die Kultur zunächst ohne Glucose, aber mit Xylose angezogen werden. In der späten exponentiellen Phase könnte dem Medium dann Glucose beigegeben werden, damit das essentielle Gen der Zellteilung abgeschaltet wird. Dann würde man die Kultur noch einige Zeit wachsen lassen, um diese danach zu ernten und das Protein zu isolieren. Wie bereits unter 4.1. beschrieben, kann man verschiedene Methoden bei der Erstellung von 2D-Gelen anwenden und mit einer Kontrollkultur vergleichen, um evtl. Unterschiede festzustellen. Das könnte dann dazu führen, dass man mögliche Antibiotikawirkorte findet und evaluieren kann.